２階の窓から目撃したので、急いで三脚を立て、数十分バルブ解放（星が流れているのをキャッチ。巨大母盤は動きがない）。このコントラスはスクープで初公開。　00.11.16

古代において宇宙との接点があったと言われている岩手県亀ヶ岡のストーン・サークルを見学に現地を訪ねた際、奇しくもＵＦＯが森の奥に滞空しているのを目撃。　1992.10.28

激しい夕立が過ぎ去った乳白色の大空に巨大な虹が七色にくっきりと浮かんでいた。この美しい虹を見上げ、一瞬旧約聖書の一部を思い起こした。すかさずカメラを取り出し、この鮮やかな虹を記録にとどめようと、連続撮影した。後日フィルムを現像したその３枚目に、奇しくもＵＦＯが飛び込み、虹と対象的な雰囲気でキャッチされていた。　1969.8.4

2001年1月31日、朝4時30分　－3℃

２階東南の窓を開け定例の観測を行っていた。周囲はまだ薄暗く、小雪が降っていたが、空には美しい星々が輝いていた。標高920メートルの山間部ならではの風景、周囲には人家がなく丘陵地でまた家の前はせせらぎの音が聞こえ、一望森林に囲まれた一角に、私たちが住んでいる。私が直接とも言える円盤に遭遇したのもこうした静かな環境が背景にあったと思っている。

ちょうど５時頃、ジッと空を見続けていたその時、突然東北から東に向かって（２階からは正面の角度、地上からは約100メートル）明るいオレンジで帯状の航跡を引きながら、ゆっくりとしたペースで円盤は森の陰に入り消失した。

その間約５秒で私にとっては長い時間に感じられた。

その円盤の大きさは、目測でラグビーボールほどあり、三角の形をし、窓はなく本体は美しいサファイヤのように輝いていた。

さらに本体は生き物のようにフォースフィールドによって脈動していた。この世では全く想像もつかない飛行物体で、正に５次元の世界から飛び出してきたような感じであった。


次のページからの図は、青い線で円盤の動きを表した。

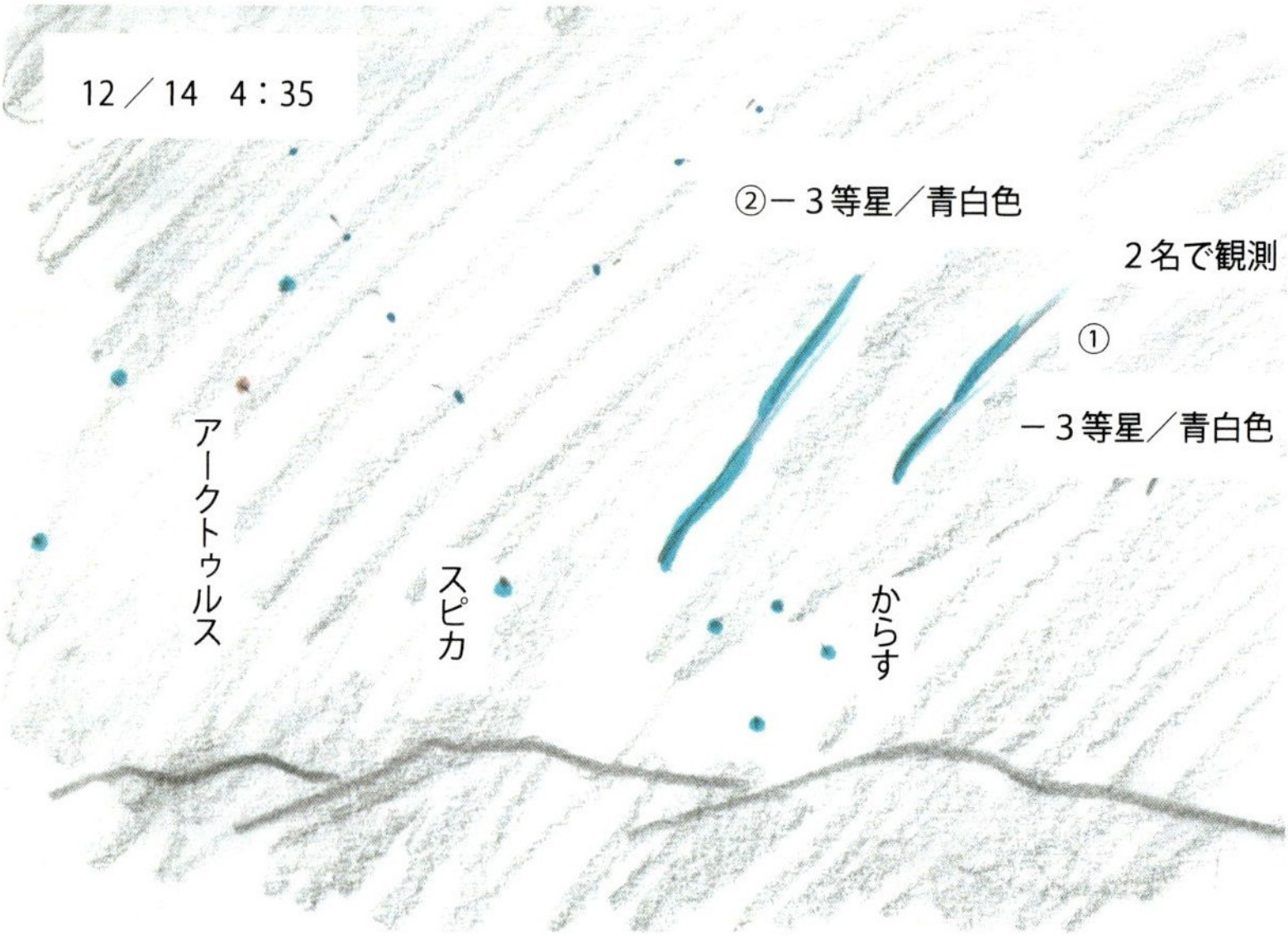
12／14　4：35
②－３等星／青白色
２名で観測
①
－３等星／青白色
アークトゥルス
スピカ
からす

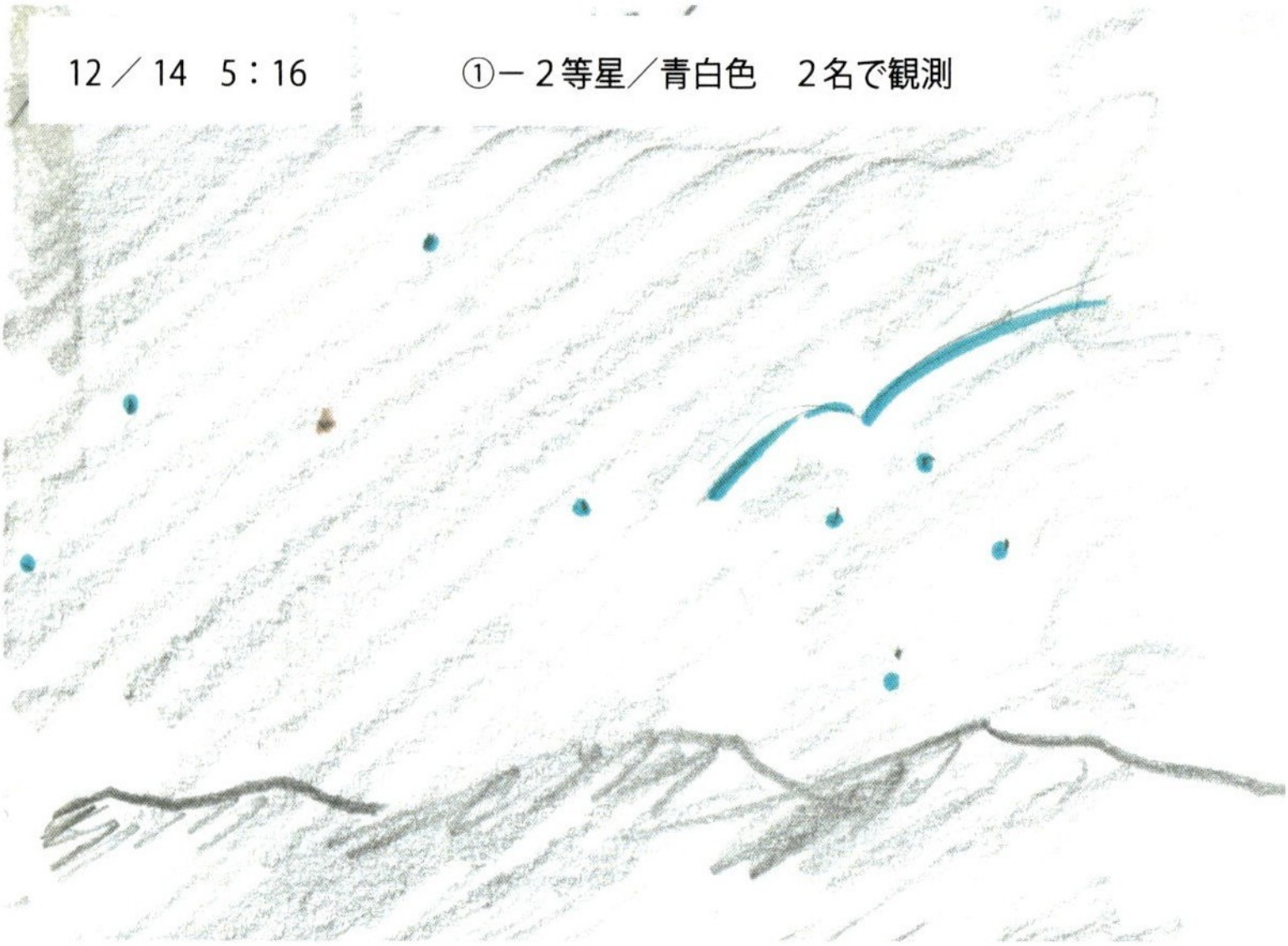
12／14　5：16
①－２等星／青白色　２名で観測

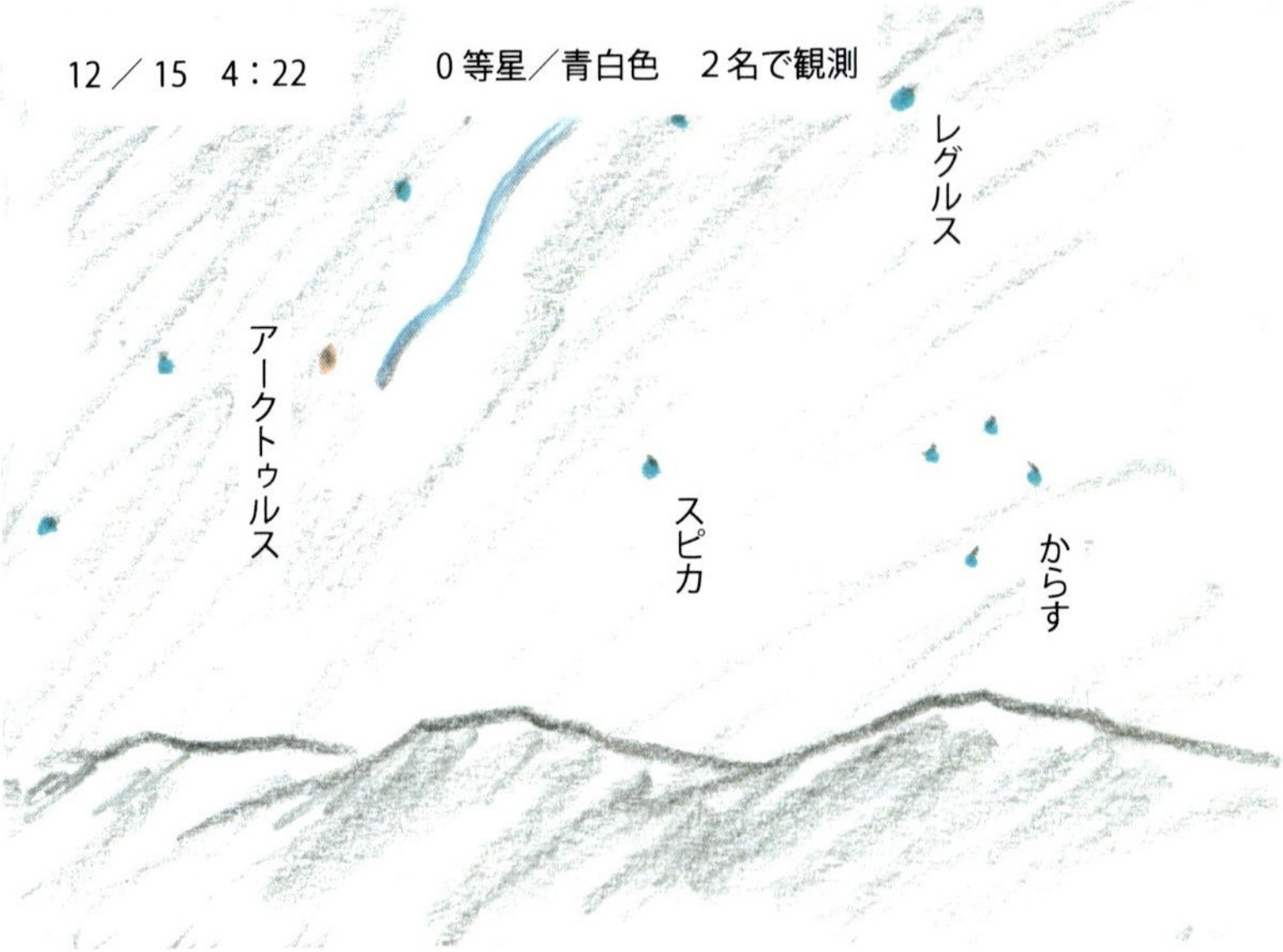
12／15　4：22
0等星／青白色　2名で観測
レグルス
アークトゥルス
スピカ
からす

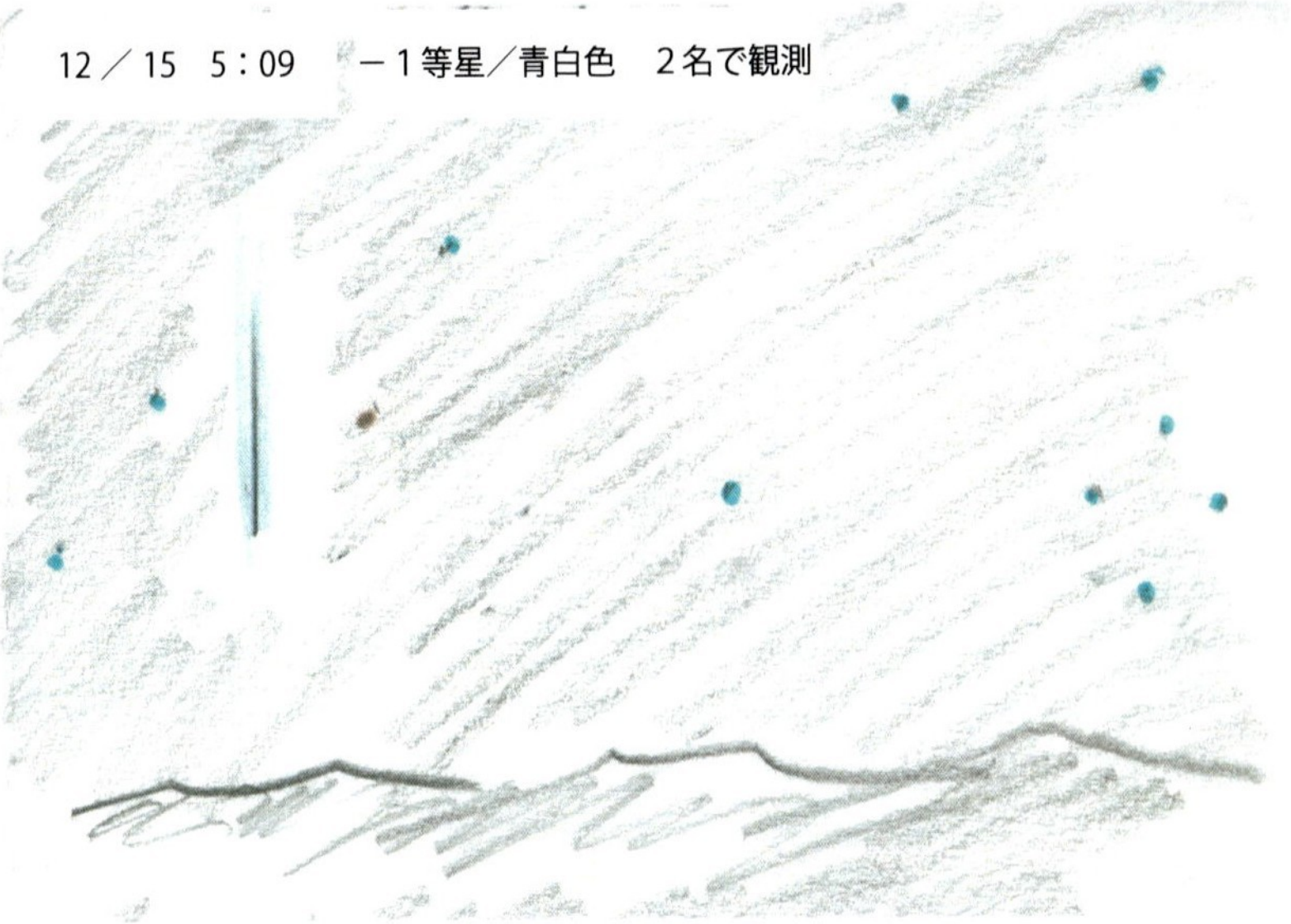
12／15　5：09
－1等星／青白色　2名で観測

オレンジで帯状の航跡を引きながら、移動するＵＦＯ。

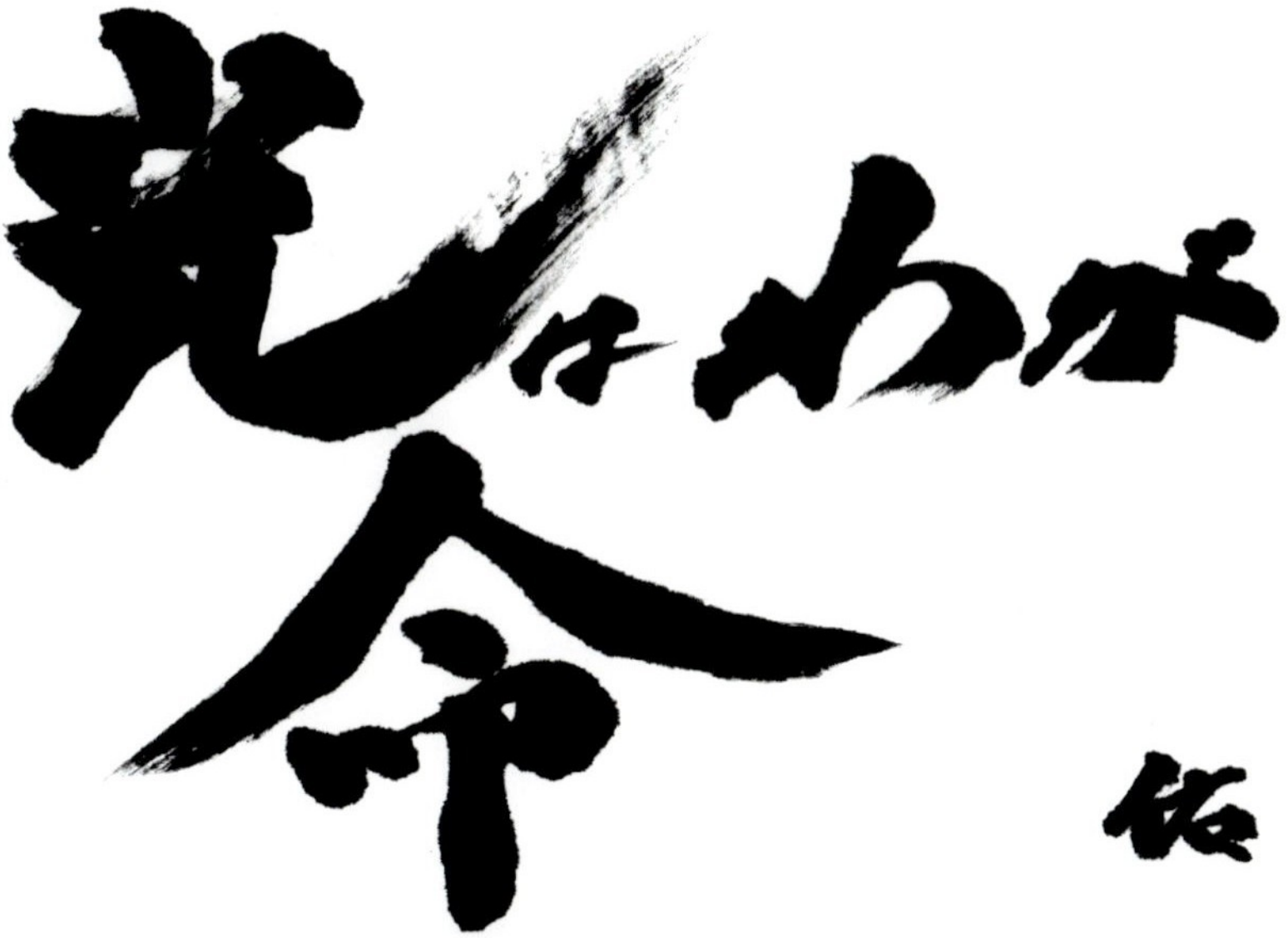

群馬県松岩山（1521M）　草津からの展望。

# すべては出会いから


－U-KI－
ユキ



明窓出版

天はすべてを見ている。
広い宇宙に無数の銀河。
その中に地球が浮かぶ。
「悲しみの星」と誰かが言った。
戦いで多くの命が失われ、
それでも戦いは終わらない。
そんな地球を、
誰かが、じっと見ている。
天はすべてを見ている。

広大な宇宙に生きる小さな人間。
宇宙には、無数の星ぼしがあるという。
その中の地球にのみ人間はいるのでしょうか。
素朴な疑問が頭をかすめ、
ある日、夜空に向かって呼びかけた。

モシモシ、モシモシと。
くる日も、くる日も呼びかけたのです。
魂の底から呼びかけたのです。

宇宙に住む多くの兄弟たちよ。
もし上空に飛来していましたら、
どうぞご応答下さい。
こちらは地球です。日本です。

心には期待と、真実を知りたいという執念が入り乱れ、
身も心も夜空で凝結した。

「真実を知りたい。本当のことを」

ただこの一念だけで呼びかけたのです。
モシモシ、モシモシモシと。

北風の吹く寒い日も、
体というマシンで呼びかけたのです。

人間は地球にだけいるのでしょうか。
夜空に浮かぶ星ぼしのまたたきは、
時には冷静で冷たく、
じっとこちらを見ているように思えた。

# まえがき

人生には多くの出会いがあります。

それによって、運命や環境が大きく変わることがあります。

私がそれを感じたのは、今回記した三つの出会いでした。「魂との出会い」は私の本体との出会いで、それまでは本体そのものを理解することはほとんどなかったのです。

初めは２００６年７月末のことで、大きなエネルギーの圧力のようなものを感じ、次々に考えが浮かぶようになり、記録をとり始めました。

「ＵＦＯとの出会い」は、目撃したありのままを著しました。

「次元上昇との出会い」はこれからのことなので、どのようにして次元上昇を迎えるか、自分の気持ちの切り替えと「魂のメッセージ」に耳を傾ける意味で載せました。

# 目次

第二章　ＵＦＯとの出会い　63

第三章　次元上昇との出会い　91

# 第一章　魂との出会い

# プロローグ

私が「魂」と思われるものに出会ったのは、２００６年のある日のことでした。なかなか寝付かれず、いろいろと考えることがあふれ出て、そうこうするうちに何かを書かねばとノートとペンを用意したのです。

まずは、謙虚に冷静に、自分の感情を入れずに書くという気持ちでした。

心の奥深くから塊のようなもの（エネルギーと言えばよいのか表現は難しい）があふれ出るような感じがありました。

後に気がついたのですが、その61年前の8月は、日本では広島、長崎に原爆が投下され、敗戦を迎えていたのです。

その塊には「生命は永遠に生き続けるので粗末にしてはならない、日本のような悲劇を繰り返してはならない。魂を大切にすることを伝えるように」というメッセージが込められていました。

ここから魂とのコンタクトが始まったのですが、私にとってそれはとても大きな課題に思われ、どうすればよいのか一瞬戸惑いました。

人生の折り返し点をとうに過ぎ、とりたてて大きな仕事をしたわけでもなく、平凡な主婦として生きてきました。聖書を時々読むことはあっても無宗教と言ってもよく、教会に行くようなクリスチャンではなかったのです。

宗教の争いが戦争に発展し、人間はどう生きればよいのか、また戦争で亡くなった魂はどうなるのか、地球にのみ人間がいるのかなど、真実を知りたいと常に思うことは山ほどありました。


それ以前の1966年ごろから、夜空を見上げ、疑問解決のため「宇宙来訪者はいらっしゃいますか」とモシモシコールを続けるような単純さで期待しつつ、観測を続けていました。

そのうちに、一条の光や球体の出現を多数目撃するようになり、観測のために都会を離れて群馬県の標高920メートルのところに住居を移しました。

それからというものは、夫婦で夜空を仰ぎ、神秘の宇宙に触れることを無上の喜びとしつつ、平凡に暮らしている日々でした。

その詳細をこれから紹介していきます。

## 1、魂とのコンタクト　～初めての体験

２００６年7月31日の夜中、寝ているうちに、何かが気になり出して起き上がった。心の奥深くに、声ではなく何らかのエネルギーの塊のようなものを感じ、急いでノートとペンをとった。

初めての経験だった。誰かが囁いているようにも感じた。

平素、私は人間とは何だろう、どのように生きればよいのか等という頼りない自分の考えを、もっとはっきりさせたいという思いがあった。

聖書は時々読み、その聖句の素晴らしさに感動していたが、教会に行くまでのクリスチャンにはなれなかった。

そこには、いつも疑問符がついていた。

立派な教えを持っていても、なぜ宗教戦争が起きるのか。

「汝、人を殺すなかれ」とあるのに、なぜ殺すのか。

日本の被爆経験が活かされることなく、なぜ戦争は常に世界で起きているのか……等々。

このような単純な疑問に、いつも自分は抵抗していた。悶々とした気持ちは年とともに膨らんだが、これが人間社会でこれが地球というものなのかと、あきらめの気持ちが心の中でうろうろしていた。

しかしある日、これは真実の世界ではないのかもしれない。そんな考えが心をよぎった。

悪はどう見ても悪である。平和に生きようとする人間の生命を奪うのは、許せない悪である、と。

生まれてからの人生の大半が過ぎ、今になって人間の生き方うんぬんとはなんとお粗末、と思いながらここにたどり着いた結論を、なんらかの解決法をもって自分に納得させる方策はないのかと、いつも自問自答していた。

もともと理解力が鈍い自分にどのような解決法があるかと考えるようになっていた。平和運動に参加して、核兵器廃絶を叫ぶような若さや勇気ある行動までは持ち合わせていなかったからだ。

２００6年7月31日、魂からのコンタクトがあった日は、そのようなさまざまな想いが交錯していた日だった。

8月は原爆投下や終戦の月で、日本が大きく変化した月でもあった。

突然でなんの心の準備もなかったため、自分の対応として、まず今ここに生かされていることに感謝し、なぜこの世に生まれたのかを何の気負いもなく、謙虚な気持ちで心に思った。

その時は、それ以外には何も考え及ばなかったからだ。

思えばその日はなぜか、夜になっても落ち着くことができず、床に入り眠りなかばで何かを感じたのだった。11時40分ごろだった。

心に刻まれたメッセージはいろいろあったが、自分の感情や考えを入れずに、ありのままを書き始めた。

私個人の質問に対しての回答もあり、弱い自分の欠点を反省した。そしてこの事は8月21日まで続くことになった。

自分にとって予想もつかない何かが動き出した感じがして、目に見えない大きな変化を感じた。

次に、私と魂とのコンタクトの内容を紹介します。

7月31日〜8月21日

◇魂からのメッセージ
あなたの永遠に続く命の旅は、はるか昔に始まり、現在に至っている。
人間はみな旅人で、目的があって地球に来ました。
生命は永遠であることを認識しなければならない。
気がつくのに、だいぶ時間がかかっているようです。

今は命が粗末にされている。

人間が人間を殺してはならない。

戦争は生命を否定しあなたや地球までも破壊し、やがては宇宙にも影響を及ぼすことになる。

肉体は無くなっても、創造された魂は永遠です。

自分が傷つけてきた魂の復元には時間を要する。

自分を振り返り悔やんでも、心が変わらない限りマイナスの要素を引きずる。

生命に宿る魂とは創造の一部で、あなたの本当の父であり母である。

この究極の関係を忘れてはならない。

## ☆質問　永遠の魂とは何ですか。

◇魂からのメッセージ
あなたの本体、それは壊れない本物。
本体とは生き続けるもの。そして創造の一部。
自分が考えているより重要なもの。
各人が持っている。しかしほとんど気がつかない。
誰も創れない人間の一部。
宇宙の仕組みの不思議な原点。

心の奥深くにある本当の自分。しかし不確かなもの。
時には左右に揺れる心を受け止め、時にはNOと諭すもの。
焦点がずれて、時には迷い、彷徨《さまよ》うのを止めさせる働き。
気がついても動かない。あなたの自我がそうさせる。

何千何万年と生きて、何が変わったか。惰性で生きてはいないか。

目を見開いて、一番大切なものは何か。

命は誰が創る。


人間は、自然のルールの中で生きている。

個の意識によっては、何回も同じことを繰り返し、集団は、国や民族や宗教の違いによって問題を複雑化する。

しかし、守るべきルールがあるから救われる道もある。


人生は面倒だと思えば面倒になり、自我によっていつも揺れ動いている。

こう在りたいと思っても、国や他人に気兼ねする。

本当の自分は何なのか、じっくり考えたことがあるのか。


あなたの中心に心棒がない時がある。

自分は何をしたいのか、

命が大切であるなら、そう叫ぶしかないだろう。人間は動物と違い、言葉によって意思表示ができ、遠い国の人とも意思疎通ができるではないか。

不可能と思えば発展しない。自分の考えをゆっくり探って魂に聞いてごらん。人間を創った私がいるではないか。親であり兄弟であり、あなたの奥深くに住んでいる。

これが大まかな内容だった。個人的な話は別として、生命の大切さを強調している内容で、問題の大きさを感じた。同時にこれをどう受け止め、どのように自分が消化するかが重要だ。今までの自分では間に合わない気がした。

すべての面で、しっかりした精神でないことが悔やまれた。

8月は日本にとって意味のある月であり、7月31日のコンタクトの意味が後になって理解できた。

これらのことは、自分にとって衝撃的なことであり、いい加減なものでは微塵もないと感じた。

そこには大きな、見えない実体が内在していることを確信し、勝手に自分で解釈して軽々しく人に話す気にはなれなかった。

大きな柱が支えているようにも感じられたし、人間の生についてこれほど深く考えたことはなかった。


浅はかで行動力もなく、戦争で多くの命が奪われるニュースを他人事のように見ていたのではないか。

人間はみな兄弟なのに国が違うだけで、言葉が違うだけで私は私、あなたはあなた、と、遠いところで起こっていることを傍観しているだけだったのではないか。

国の宗教もみな違い、国の力もみな違うからやむをえないと、自分が勝手にそう決め付けていたのではなかったか。

本当の自分自身とは何かを考えた。

それまでも、魂とは何だろうと考えたことはあった。

肉体の中にあって、喜怒哀楽を感じ、意識を調整し生きていくための重要な部分と、大まかに考えていた。

大辞林（三省堂）には「人の肉体に宿り、生命を保ち心の働きをつかさどると考えられているもの」「肉体から離れても存在し……」「霊魂」などと記されている。

似た表現に、「命《いのち》」は「生物を生かしていく根源的な力」とある。

いずれにしても人間の一番大事な部分であり、「魂」が抜けたよう、あるいは「魂」の目覚めなどと表現されるように、自分の意思や意識が大きく作用する部分である。

ところで、自分の魂について、改めて感じることは少ないが、物事の判断の時、意識として自分の魂が状況に応じて判断していることは分かる。

魂は創造された意思に従って生きることができる。

人間は偶然に発生したのではない。だから地球人として生きていく叡智は、宇宙の法則の中でこそ生きられるのだと自分は思う。

魂は肉体とともに移動し、肉体を脱いだ魂は法則によって次の段階に行く。

肉体の衣を捨てた魂はそれで終わりではないという。

永遠に生き続ける魂は、体験した部分を次の生に活かし、さらに魂の旅は続く……。


生き続ける魂のエネルギーは宇宙に放出し、多くの自分史を残している。

地上の物質は魂を高めるために使えればよいのだが、今は物質主義により、物やお金がすべてと思い込み、最優先順位となって人間はそれに支配されるようになった。


魂の存在を、多くの人が忘れているようにも感じられる。

人間は自由で、まさに魂の旅である。しかし、今の三次元世界はその旅を謳歌するには適しているかもしれないが、それがすべてではない。

宇宙的変化によって、人間の意識も変わらざるをえなくなると言われている。温暖化による環境変化や、経済問題、食糧問題など、地球を取り巻く状況は年々変化しつつあるので、魂や意識を変えざるをえなくなっている。

これが現実です。

☆質問　生命とは何ですか。

◇魂からのメッセージ
魂は永遠に生き続ける。たとえ戦争で肉体は形として無くなっても、魂は消えない。
創造されたもの、特に生命は、目的があって生かされている。
創造の一部であるということは、人間が考えるより大きな意味がある。
無意識に動いている行動も、実は自分の意思によって動いている。
人間の意志、つまり心は、肉体の衣を着て自分を表現している。
そのリズムは宇宙の中でも一秒の狂いもなく、限られた一生をどう生きるかはその人の意思により違うが、多くを体験して学ぶ。

すべては、整然と動く万物の法則の中で生きている。単独で勝手に生きていると思ったら大間違いだ。

酸素や窒素や水素が無くては、人は一秒も生きていられないではないか。

人間は偶然に発生したわけではない。そこには創造の意思があり、その中で生かされていることを決して忘れてはならない。


もし誰かが人を殺したとする。殺された魂は肉体を脱いでどこへ行くのか。

生命が永遠だと知っていれば、その魂は行くところを知っている。

もし知らなければ、その魂はどうしたらよいかと惑ってしまうではないか。

例えば、楽しい生活が突然奪われ、肉体が無になってしまったら、その断絶を誰が説明するというのか。


生命が永遠であるということを知っていれば、命を最も大切にするのは当然だ。

しかし一口にそう言っても、簡単には理解できないかもしれない。

いったん生命のリズムが動き出すと、人間本来の自由意識によって何でも好きなことができる。それは長い間に培われた人間の意識でもあり、それによって大きく社会が発展してきた歴史でもある。

生きるとは、大きな希望や喜びを味わうことでもある。自分が欲しいと思う物を手に入れられるという豊かな気持ちも、そこに人間としての尊厳や自由があるからかもしれない。

しかし、そこには落とし穴がある。それは、その結果としての報いが必ずあるからだ。良い報いもあれば、悔やんでも悔やみきれない報いもある。

人を殺して、一見平気そうでいても、その罪は自分が負わなければならない。マイナスが増えれば、その利息も増えていく。

☆質問　「魂の目覚め」とはどういうことでしょうか。

◇魂からのメッセージ
奥にある本体の魂から。

それは、計り知れない宇宙の偉大な創造の意思の一部を賜ったものである。

その意思を人間としてどれだけ表現できるかが重要だ。自分の生命の営みを通して、表現していくものだ。


自分の意識としての考えや体験が、自分の奥深くにある魂と連係プレーをするが、各自の経験や考え方によって現れた結果はみな違う。

人間は多くの経験を通して、人としての完成を目指す。

性格は個性であり、本体の意志が直ちに全体に伝わる速度や感じ方は、その人の性格の質や感性によって違う。

魂そのものを忘れてしまう人も多いが、無意識でも魂はその人を見守り、目覚めを待っているともいえる。

個性によっては、本体との意思疎通がうまくいかず、何枚も重ねられた濾過紙を通る（自分の考えだけが主になる）ので、時が過ぎて真意が薄められてしまう場合もある。

人はみな魂を持ち、それぞれ目的があって生かされ、生きる使命を持っている。

自分勝手に動いているように思えるが、ずっと生きてきた人生の道のりは、各人が選び決定したものだ。つまり自分の命は自分が運び、その結果として現在がある。

それは、結果が良い悪いということではなく、魂をどれだけ大切に想い、創造の意思を汲み取り生き続けられるかということだ。

肉体の衣を脱ぐ時は、いかに中身の魂を綺麗にして宇宙に返すことができるか、と思考すればよい。

命を途中で勝手に投げ出して済むものではない。

最近は苦しい時や悲しい時に自ら命を絶つ人が多くなったが、それによって問題は何ひとつ解決されず、いつまでも自分が背負うことになる。

問題を先送りにするか否かの責任は自分にあるため、その時にこそ自分の本体としての魂に聞くしかないのではないか。決して他人が解決できるものではない。

## 2、魂について日々感じたこと

自分の意識は魂の本体を知り、その指令に注目し、判断するようになった。

魂は創造された意思に従って。使命を果たすために移動しているようだ。

宇宙から日本に降り、私という意識を目覚めさせるために時には一緒にいることもあり、時には単独で宇宙に行くらしい。

私という意識は、地上でいろいろな体験や学びを通して生き方を修正する。その時、本体の魂はそれをキャッチする。

しかし私の濾過紙が濁っている時は、魂の指令がすぐに伝わらない。その場合は、肉体にしわ寄せが出て、小さなトラブルが発生するらしい。

本来は自分の意識と魂と肉体の三者が和合すれば、次の段階に移行すると考えられる。

時が来れば、肉体は地上に置いて魂と意識は地上を離れ、次の着地点に向かう。


こうして人間は一歩一歩着実に法則の道を通り、次の段階に上る。

生き続ける魂のエネルギーの足跡は、宇宙に放出されて残っている。

魂は移動し、多くの自分史を蓄えている。

それは、より高い次元を目指すためといえる。

魂は自分の意志や、意識体からの情報を基にまた宇宙にとびだし、宇宙に住む高い意識体から情報を得る。

時には高い天使からのエネルギーを受けて、宇宙に生きる真髄を習得する。

地上の物質は、精神面のレベルを高くするような媒体として創られたが、今は物質主義になり、物やお金がすべてと思い込み、人間はそれに支配されるようになってしまった。

魂の存在を多くの人が忘れている感じがする。


実際は、魂との連係プレーで日々発生する事象に対処していっているのだ。

その判断には創造の意思が組み込まれ、本当の魂はそれを知っている。


魂の言葉は、ぽんぽんと押し出されてくるので、覚えておけるものではない。急いで書き留めておかないとすぐに忘れ、言葉は飛んでいってしまうかのようだ。

☆質問　宇宙に志向するとはどういうことでしょうか。

◇魂からのメッセージ
改めて宇宙に目を向けるというだけではなく、毎日の生活の中でどれだけ大自然と一体となっているかや、意識が自己中心ではなく、全体像をいつも見ていることが大事だ。


例えば、朝起きて顔を洗い、今まで当たり前だと思っていた水の恩恵について考えたり、太陽に向かってその光に感謝したことがあっただろうか。

何ひとつ欠けても生きていけない現実を、普段は考えることすらせず、当然と思っていた意識を変化させることによって、感じ方が変わってくる。

今まで感じなかったことにも、敏感に心が反応し、新しく発見したように嬉しくなる。

本来、人間は素朴な気持ちで大自然と調和して生きてきたが、すべてが便利になり、それが当たり前になったところに問題があると言える。

宇宙に浮かぶ地球は、単独では生きていけない。

物質文明の下、物やお金によって自分の思いがかなえられ、それが楽しくなり人間の欲望は飽くことを知らなくなったのだ。

そのために、宇宙に寄せる関心は薄くなり、二の次になってきた。

貨幣制度によって貧富の差が大きくなり平等性もなく、間違った方向に進んでいるが、これは地球人が造り出した制度であり、最初からあったものではない。

地球人のみに通用する発想であって、宇宙的には大きな意味を持たない。


しかし、長い間に培われた仕組みやリズムは一夜にして変えられないし、よほど大きな変化が無い限りこの状態は続く。

「それによって文明は発達し、今後も発展するだろう」と、多くの人は考える。

だが、環境破壊が進み、資源も枯渇し、異常気象による災害など宇宙的変化によって、いつまでも今と同じ時代が続くとは限らないと人類は思うべきだ。

大自然は、いつまでも黙っているとは限らない。

地球は大きな宇宙の流れに組み込まれながら旅を続けているが、大きな変化にすべての人が対応せざるを得なくなる時が来るだろう。

その日のために、すぐにでも自分の意識を上昇させなければならない。

地球がいつまでもこの状態に留まるならいざ知らず、大自然の変化に自分が気づき、その流れに乗るか乗らないか、その責任は自分にある。

生命は永遠という前提に立って創造された自分を生かし、さらに生かし続けるために人間の原点に立ち返り、何かが狂い始めていることを敏感に察しなければならない。

宇宙意識とは、大きな宇宙の中に生かされていることを深く認識することである。

その流れに沿って自分がどのように生きていくか、自分を見直し受け入れた上で判断するしかない。

日々励むように。

☆質問　12月としては暖かいようです。これも異常気象なのでしょうか（2006年12月）。

◇魂からのメッセージ

気象変化の表れで、みな異常に気づき始めている。

気象だけでなく、人間の心の変化も顕著になっている。

世の多くのことに惑わされないようにすることが大切ではないか。

何が発生するか分からない時代、身を守るために注意が必要だが、嫌な情報を見てもそれに捕らわれないようにする。

人生にはいろいろなことが起こるが、それも学習。自分の信念を強く持って前向きに進んでほしい。

一日のリズムは自分が創り、進化していく。毎日同じことを繰り返していると単調に思えてきて、活性化しようという心が無いと惰性になり、生きる目標を失ってしまう。

人生とは一つ一つの積み重ねで形が残る。

どんな単純なことでも繰り返すから形がはっきりしてくる。

宇宙に関心を持って集中すれば、何かが見えてくる。

こちら側の意思があるから、結果として応答がある。自分が何を求めているのか、その意思が自分の根源の一部と言える。

例えば自分が本を出そうと思ったら、いつもそのことを考える。それがやがて形になっていく。

世の中に起きる多くのマイナス出来事には執着しない。多くの事件は原因があって結果が出てくるものだ。だから、毎日の意識的な積み重ねが大事なのだ。

悪いニュースに心が曇るより、自分の心を調整し前向きに進むことだ。

だらだらして周りに振り回されないようにしっかりすること。

## 3、25年ぶりの友人との電話再会

25年ぶりに小学校の友達と電話で話し合った。

お互いに健康を確認し、月日の経つ速さを改めて感じた。

お互いにそれほど変わってはいなかったが、当時の友人、知人はだいぶ亡くなり、現在闘病中の友人もいるとのことだった。

こうして自分たちが元気でいられることに、改めて感謝の気持ちでいっぱいになった。

◇魂からのメッセージ
時代が過ぎても、生き方によって様相が大きく変わる人と変わらない人がいる。その人がどのような道を歩んだかによって、結果は大きく変わってくる。

苦労を苦労と思わないでそれを乗り越える人。裕福であっても突然の不幸からなかなか立ち上がれない人。恵まれていても常に不平不満、愚痴の多い人などなど。

自分の設計図は自分が創る。それを知っていれば、たとえ結果が悪くてもその設計図の立て方が悪かったか、自分の努力が足りなかったか、運命の転機があったことなどを、自分はそれとなく感じるはずだ。

思い通りにならなかったのは誰のせいでも、世の中が悪いのでもない。時は常に動いている。

その中をどのように生きるかは自分次第なのだ。

自分が主人公で自分の乗り物は自分が運転している。目的地をはっきり見定めていないと、想定外のところに行ってしまう。

自分はどのような生き方をしようかと考える場合もあり、また運命の変化の際に即断しなければならない時、「生きるとは何なのか」をしみじみと考えることもあるのではないか。

これが人生で、多くの人が変化し、体験しながら何かを学ぶ仕組みになっていると思えばよい。宇宙の中で生きている自分。何の目的があって生かされているのかに想いをいたしてみる。

昨日と今日は同じではないはず。
時の変化はわずかでも、意識は常に動き、たどり着く場所を心は知っているはず。毎日の暮らしの中で、シンプルな考え方や行動により次の創造を自分のものにする時、心の中に設計図があれば、自分の意志によって動くことができる。
じっと考えているだけでは、形になるのが遅れてしまう。

誰にでも大きな苦難がふりかかる時もあるが、これをいかに受け止め、自分の肉体と意識がどのように対処するか、大切にしている宇宙意識が常に目覚めていれば、慌てることは何もない。

自分がそこに存在している限り、宇宙との縁は切れない。

◇魂からのメッセージ
三次元の物質界は、物によって自分を思うように表現できるが、そこに落とし穴がある。自分がそれの虜になるからである。

それが幸福と思えば、限りなくそれを追求できる。

しかし、たとえ億万長者になっても人生の勝利者とはいえず、心と物では次元が違う。

物に支配されないでそれを道具として使えば知恵に変わる。

人間の欲望は、物について考えるとこれで良しとされる限界はない。

物に満足し、心が感謝の気持ちでいっぱいになり、人々に施すような気持ちになればその人は物質という道具、言い換えれば智恵を使ったことになる。


物質も使う方法によってはそこにエネルギーが宿る。

良い結果や悪い結果として影響を与えることもしばしば起こり、執着するエネルギーはなかなか消えない。


どんな物質でも、大切に扱えば長持ちする。今は人間がすべての主体となってこの地上が動いているが、これが三次元である。

霊界では、自分の魂はあっても、地上のように創造の意思を簡単に表現することは難しい。

旧約聖書　シラ書十七章二十七節、二十八節「主に立ち返れ」の項に、

「陰府で、だれがいと高き方を賛美するだろうか。

生きている者と違って、誰が感謝の言葉をささげるだろうか。

死んでもはや存在しない人からは、感謝の言葉も消えうせる。

生きていて健やかな時にこそ、人は主を賛美する」


と記されている。


多くの束縛から解放され、肉体と意識が宇宙の意志の中で動けるのが五次元。

そこには必要以上の欲望はない。

安定した精神世界と、宇宙に志向し調和とバランスのとれた世界ともいえる。人間は常に次元上昇を目指し、魂の旅は永遠に続く。

☆質問　エネルギーを感じるのは魂なのでしょうか。肉体と魂の関係についてどのように理解すればよいでしょう。

◇魂からのメッセージ

生命、それは創造の根源から始まる。

人間が創造された時に賜ったもので、人間の本体であり、肉体であり、意志のあるエネルギー体であるといえる。

そこには、宇宙の創造意識が組み込まれ、生きるための知恵がつまっている。

体を包む電子は、受けた情報を肉体の一部である頭脳を通し、全組織の各機能に伝える。

体のすべてをつかさどる魂は、伝える情報を選別し、すぐ意識に伝える。

肉体の機能は意識体の調整によって働くが、長い時間にわたって経験したすべてが組み込まれているので、各人によってその調整や考えはみな違ってくる。

高度に発達した魂は多くのことを体験しているために善悪の判断が速いので、すぐに行動することができる。

本来、魂は全体をつかさどる指令塔だが、現在は人々にその意識は薄く、気がつかないことが多い。

自分の感情、つまり自分の思いだけが自分のすべてと思っているが、肉体や魂には宇宙創造時の意識が組み込まれて生かされているのだ。


創造時の純粋な魂は、宇宙の法則を知り、それぞれの使命を連携しつつ果たしている。

しかし、地球のサイクルや物質文明が進むにつれて、人間本来の目的や人間としての生き方が記憶から薄れてきている。

だが、奥深くに眠っていた魂も、意識がそれに気づくとムラムラと顔をもたげてくる。

その時、魂との再会がなされ、また前進が始まる。

魂の容器としての使命が終われば肉体という衣を脱ぎ、法則に従って次の衣をまとって新しい生が始まる。


魂として経験してきた中で、前世で関わった人から受けた恩情や、借りているものを今生でお返しすると考えればよい。

こうした体験を通して魂の旅は続き、浄化され、自我意識も磨かれ、蓄積された垢も少しずつ洗い流されていく。

人生はまさに、自分を見つめ、磨き上げていくところといえる。

☆質問　他の星ぼしにも人類はいるのでしょうか。人類がいるのは地球だけと考える人が多いようですが。

◇魂からのメッセージ
一口に宇宙と言っても、それは計り知れないもの。

宇宙的に見れば時間や空間の認識も違うし、自分の星にしか人類はいないと考えている人も地球ではいるようだが、事実と違う。

広い宇宙から見れば、地球は総括された中のごく一部分に過ぎない。

宇宙という大きな観点に立って見ると、人間の考える範囲は小さく、スケールが違う。

進化は無限だから、高度に進歩した星もあり、発展途上の星や、住めない星もある。進化とは限られた範囲内の話ではない。無限に続くその一点をとらえても、全体は見えないものだ。

少なくとも人類が住める状態というのは、多くの時を経過してやっと到達するものなのだ。

意識が高くなれば理解度も高くなる。より高い次元を目指すには、その段階を一つ一つ乗り越え次の段階へ行く。

現段階でいくら判断しても、今の次元の話になってしまう。

自分の気持ちを一歩前進させ、宇宙に目を向けた時、その真実も次第に分かってくるというものだ。

「自分の目を開かないで何が見えるのか。心を開かないで何が感じられるというのか」

宇宙に素晴らしい世界があったらどうするだろう。誰だってそのような世界に行きたいと思うのではないか。

初めから否定していたら話は終わり。本来は宇宙人がいるとかいないとか、そういう問題ではない。一千億個もあるといわれる星ぼしの中で、地球にだけ人類がいるという証拠はあるのか。

自分が見ていないから知らないというのとは違う。認識の次元が違うのだ。

例えば、ＵＦＯ飛来が真実であるとしても、関心が無ければ見ようとする努力もしないだろう。それなのに、そんなものは無いのだと言う。

世の中には真実を覆いかくそうとする人たちもいて、むきになって否定する。

その話を聞けば、否定するのが正しいかのような気持ちになる。

そうして揺れ動くのが、まさに心であると言える。

そのように思い続ければ考えは固まり、それは誰の責任でもない。

強制もなければ、引き止める理由もない。

どのように考えるかは、その人自身の問題だ。

多くの証拠を見せても、魂が否定すればそれ以上の説明は無駄になる。

みな、顔が違うように心も違う。

しかし、自分が本当に真実を知りたいと心を開き、努力をすれば必ず道は拓ける。

「求めよ、さらば与えられん」

そんな法則がある。

3月の彼岸を迎えると、寒さも和らぎ自然のリズムの不思議を感じるだろう。彼岸になると故人やその威徳を思い出すようにもなるだろうが、先祖があって自分がある。その流れは忘れないように。

親、子でも人生それぞれの生き方があり、幸、不幸はすべて体験として受けるだろうが、心の持ち方や生きる姿勢によって結果は違う。

誰かの責任ではなく、すべて自分が解決しなければならない。

親の時代は良かったと思っていても、引き継ぐ時代や、その人に巡りくる運命、人生の対処法によって、結果は違う。

自分が苦しい時は、じっくり考える余裕すらないものだ。

そのような時に人生の苦境は訪れ、その脱出に全力で当たるが、容赦なくより多くの苦しみが迫ってくる。

人生には、超えなければならないハードルがいくつかある。

それは、誰にでも染み付いている垢を落としていくと思えばよい。

一生は良いことばかりではない。マイナスがあることを考えて暮らすことだ。

心に準備がないと、その時の戸惑いは大きい。

冷静という言葉があるように、どんなに幸福であっても、浮ついた気持ちではなく落ち着いてことの推移を見ることだ。

いつ一変して何かが発生するかが分からないのが人生というものだから。

どんなに苦しいことがあっても人を偏って見ないで、良いことは受け入れ、悪いことは原因を見つめ、受け流す。

よどみやわだかまりがなければ、人生はサラサラと流れ、その流れはやがて大海に入り、まさに宇宙の流れに乗ることと意味が同じとなる。

自分がどこまでそれを意識でき、挑戦できるかにかかっていると思えばよい。

☆質問　最近、認知症が増えているのはなぜでしょう。

◇魂からのメッセージ

年齢だけでなく、今までの生活、つまりその人の生き方に何らかの原因があると思われる。

脳の変化は環境の変化、つまりその時の環境や、少しずつ変わっていく周りの波動によっても自分のコントロールができなくなり、自分を見失ってしまう。

脳が萎縮して機能が働かなくなると思考力が無くなり、自分が何をやっているのかも分からなくなる。

感情がむき出しになり、筋を通した話もできないし、人の話を聞くことすらできなくなる。

それは自分の意識が朦朧として、確固とした自分を見失っているからだ。

毎日の生活は人間を築き上げ形成していく大事な過程なので、ストレスを溜めず明るく生きていく自分を確立していくことが大事です。

☆質問　最近は残忍な事件も増えていますが、なぜでしょう。

◇魂からのメッセージ

これからはさらに増えるだろう。

異質な者に変化していく者が類を呼ぶからだ。

貧富の差が広がり、社会のバランスが崩れ、また豊かさに恵まれていても、魂が生きる本質を見失い、善悪が分からなくなってくるからだ。

弱い魂や異質な考えを持つものは、人間の顔をしていても本質が違う場合がある、大きな顔をして平然と人々を惑わす者は世界中にいる。悪がむき出しになるのは善悪を判断する魂がさまよっているからです。

☆質問　運命はどう理解すればよいでしょう。

◇魂からのメッセージ

自分の命をどのように運ぶか、日々の営みの中で遭遇する物事に自分はどう対処するか、それを自分で判断し運気を運んでいく。

過去の集積が現在である。未処理の部分や積み残してきた部分に再挑戦する場合もあり、今生でそれを整理していると思えばよい。

苦しいことに出会っても、それを甘んじて受け入れ、人を恨んだり妬（ねた）んだりしてはならない。

たとえ自分が積み重ねてきたマイナスの部分が多くあっても、自分で気づき改めればやがてカルマは消える。

## 4、人生で想うこと

２００8年1月6日、眠る前に多くの映像が現れた。それは過去の一部であって今につながる真実の一ページでもあるように思えた。


人は長い間多くの転生を重ね、さまざまな体験をしてきている。

その中で蘇ってきた姿、それはある時の自分であり、また近くにいる縁故者でもある。


かつて遠い昔、ニューブリテン島に住んでいた私の過去。

おそらくミュー（ムー）大陸の影響を受け、それはＤＮＡにも残っているのかもしれない。

どこかで出会った少女。こちらをはにかみながら見ている。私に似ている。


かつて巫女さんだったEさん、キャラバン隊を率いて商売上手だったKさん。

今は男性でも、かつては南方で女性として暮らしていたAさん。

それぞれの人たちが、渦のように動いては散っていく。

それは遠い過去であり、それを秘めて今につながる現実でもある。


人にはそれぞれの歴史があり、足跡がある。

消そうとしても消えない過去、そこに自分の真実があり、今につながり、自分がいる。

どこから来てどこへ行くのか、果てしない旅の途中で振り返り、心の歪みや思いを正す。

宇宙創造の原点を求めて、さらに人生の旅は続く。

## 第一章のあとがき

魂との対話は今でも続いています。

それは、私の弱い精神を強めてくれ、考え方の間違いを諭し、時には生き方の方向性を示してくれていると思います。

誰にでもその人を守ってくれる魂、子供を思う親のような魂の存在があることに私は気づいたのです。

誰にでも魂はあります。

困った時、苦しい時、本当の自分（魂）に聞いてみましょう。

# 第二章　ＵＦＯとの出会い

## 1、一条の光に

今からおよそ70年前の1945年（昭和20年）6月24日、アメリカの実業家ケネス・アーノルド氏が自家用機で飛行中、レイニア山上空においてコーヒー皿をあわせたような物体に遭遇し、世界的な大きな話題として取り上げられました。

いわゆる未確認飛行物体、UFOのことで、空飛ぶ円盤と呼ばれたものです。

つまり、宇宙人が円盤に乗って地球を訪れるということでした。

当時、私も関心があって、連日夜空を見上げては、いつ目撃できるかと期待に胸膨らませていたことを今でも覚えています。

世界各地での目撃者は増え、一方では誤認説や捏造説などさまざまな説が飛び交っていました。

いつの時代でも同じですが、人間の意見は顔が違うようにそれぞれで、何をもってこのことを「真実」とするかという議論は今も続いているようです。

あれから半世紀、この間に私も多くの目撃経験をし、自分なりの結論が固まってきたと感じています。それは、ＵＦＯの実在うんぬんではないのです。

宇宙という大きな観点に立つ時、人間は小さく、地球だけに人間が住んでいるということが、不思議に思えてなりませんでした。

広い宇宙から自分の存在を見ると、砂粒よりも小さいですよね。

それでも「生命があって生きている」ということに気づいた時、宇宙には私たちが知らない真実がたくさんあるのだと思うようになりました。

過ぎ去った、積み重ねられた日々に一条の光が差しました。

それは自分の心を変化させ、生きることへの大きな希望と励ましになっています。

## 2、宇宙は私の嘆きの壁でした

およそ60年前、UFOが世界各地で目撃され、私もこの問題に関心を持つようになりました。

そして、きらめく銀河や星空をながめ、そこに横たわる宇宙の神秘に触れるたびに、自然の偉大さは本当に凄いと思うようになり、小さな自分がさらに小さく見え、時にはその存在すら不確かな感じで、本当の自分は何だろうと考えたこともありました。

そして時には、宇宙から誰かがじっと見つめているようにも感じられ、そのたびに襟を正して人間の尊厳を意識することもありました。

読者のみなさん、笑わないで下さいね。そんな単純な私だったのです。

エルサレムには、嘆きの壁があるといいます。

私にとっては宇宙がまさに嘆きの壁で、嬉しいことも、悲しいことも、苦しいこともすべて吐き出す、自分にとって救いの場のように思っていました。

聖書のイザヤ書41章に、

「恐れてはならない。私はあなたと共にいる……」

という聖句がありますが、それはイスラエル民族への神の言葉だと言われています。

しかし、私は時には聖書を読むことがあっても根っからのクリスチャンではないし、特別な宗教を持っているわけでもありませんでした。


ただ、宇宙には大きな法則があって、創造の原点といえるエネルギーによって人間は創られ生かされている、と自分なりに思い続けていました。

そして、「私はあなたと共にいる」という聖句に出会った時、大きな衝撃を受けたのです。

「いつも一緒にいてくれていると思うと勇気も湧き出て、頼れる、すべてを委ねられる」と、自分がピンチの時の救い主と思っていましたが、あくまでも自分の個人的な考えでした。

しかし、これは創造時にすべての人に賜った「魂」の原点を思い出させる大事な内容ではないのかと思うようになり、これまで宇宙に投げかけていた私の質問は、今生かされている魂を通して、その答えとしてメッセージとなり自分に戻って来たのだと思ったのです。

ここから、自分の第2の人生が始まったと思っています。

## 3、ＵＦＯ、空飛ぶ円盤との出会い

１９５０年代、世界的に多くのＵＦＯ問題が浮上しました。「実存する。しない」の論議は、今でも続いています。ある人にとっては存在することが当たり前で、またある人にとっては「自然現象の見間違い」で説明ができ、双方の見解の違いがあるのでしょう。

かつて、私もこの問題に関心があり、事実を知りたいと関連資料を見たり、実際に目撃したいと夜空を仰ぐようになったのです。

そして、とうとう目撃のチャンスに恵まれました。その時の衝撃は今でも忘れることができません。

当初、この問題は科学の分野と思い込んでいたのですが、世界の住民が目撃している事実を知り、絶対に目撃しようという意気込みを持つようになったのです。

１９６１年６月20日夜８時半、「円盤が飛来していましたらご応答下さい」と南の夜空に目を向け、主人と共に呼びかけを始めました。

何回も呼びかけ続け10分ほど経過した時、ピンポン球ほどの球体が仰角60度を左から右に向かって5秒余り、上下にW字型にゆるやかに蛇行したのです。

初めての目撃で、その驚きは今でも忘れることはできません。その一瞬が自分にとっては本当に不思議に思えました。

庭先にはテッポウユリが闇の中にぼんやとりたたずみ、ユリ独特の香りを広げており、それはあたかも一瞬の緊張を和らげ、次元の違う世界に誘っているかのように感じました。

これを契機に観測は日課になり、目撃の回数も増え、未知の宇宙もわずかながら身近に感じられるようになりました。

飛来の真実を知るにつけ、その物体は古代には「空飛ぶ車輪」「天の鳥船」「白い雲」などと表現され、多くの民族と接触していた事実が記録にもあることを知り、これは真実だと自分なりにわかってきました。

あれからおよそ53年が経過し、世界の様相は変わり、日本経済の高度成長やバブルの崩壊など時代は変化しています。

さらには湾岸戦争など民族の対立は繰り返され、その緊張は今でも続いています。そして世界人口の増加、食料や水不足などの環境変化で、経済活動や人々の暮らしの格差も目立ち、若者たちの未来の希望さえはっきり見えない時代になってきました。


永い間築かれた物質文明の最盛期はこれからどこへ向かおうとしているのか、まさに地球人類に突きつけられた大きな課題とも思えます。

地球は単独で生きているのではなく、宇宙の一員としての視野を広げ、宇宙や地球の変化に敏感になるべきではないかと感じます。

## 4、初めての目撃で感じたこと

梅雨にもかかわらず、その日は晴れていて綺麗な夜空でした。「もし本当に飛来しているのであれば、目撃できますか」と素朴な気持ちで空を見上げていたのです。今思えば何としても「目撃したい」という自分の願望にとりつかれていたようにも思われます。

しばらくしてピンポン玉ほどの球体が前家の屋根上空に突然現れたので、「あっ」と息をのみ目を疑ったほどです。

流星や飛行機ではなく、初めて見る物体でした。

「なぜこちらからの呼びかけが分かるのか」と、時間の経過とともに不思議さも増してきました。同時に、未知の世界に初めて触れた畏れのような戦慄が背筋を走ったのを覚えています。

これを契機に、来る日も来る日も観測は続き、理解の限界を目指したのも事実です。

大空への関心は日増しに高まり、緊張の中にも何か決定的な瞬間を期待するようになり、目撃に伴って自分なりの結論を何か導かねばならないと思うようになったのです。

自分が呼びかけ、それに応答した相手に対してどのような理解を持てばよいか、心の中は大きく揺れ動いていました。

未知の世界への憧れと、目に見えない手探りの不安が少しあったからです。

多くの人が次第にこの問題に関心を持つようになり、研究団体も増え、情報が錯綜するとともに、真実を知りたい気持ちだけがそこにありました。

しかし、さらに前面に立ちはだかる常識の壁を乗り越える気持ちの切り替えが必要だったのです。

人類は地球にだけいるのか。

この問題にこそみなそれぞれの持論があって、すべてを証明できる決め手を常識の中からは見出せないのが現実でした。

一千億個もあると言われる銀河系宇宙の中で、人類がいるのは地球だけとは誰が言い始めたのでしょうか。

地球の科学が今後も発達し、もっと多くのロケットや宇宙探査機を打ち上げ、月や近隣の星々の住人と固い握手ができたら、どんなに素晴らしいことでしょう。

そんな夢があるから科学に期待し、おとぎの国に夢はせる子供のような純粋な気持ちで科学者になったり、宇宙飛行士になった人もいることでしょう。

この、大きな未知の扉を開ける時代に生きていることは素晴らしいことです。

しかし、探査されて分かった真実が国家の威信やエゴによって歪められることは、地球にとって悲しいことです。このままでは真実は覆いかくされてしまうでしょう。

20世紀から引き継いだ21世紀の科学進歩が、地球未来の本当の夜明けになればいいですが……。

## 5、魂からのメッセージ

魂とのやりとりは続いていました。

私からの質問は尽きることがなかったのです。

☆質問　２００８年８月９日のこの日、原爆投下から63回目の夏を迎えました。
被爆体験がある人も少なくなりましたが、原爆の恐ろしさは日本人の脳裏から離れません。

しかし、なぜ世界は今も核廃絶を徹底できないのでしょう。

唯一の被爆国、日本がさらに訴えねばならないのでしょうか。

◇魂からのメッセージ
核について頭では理解できても、体験していない多くの人々は、その恐ろしさを知らない。人間の愚かな面が出ている。

人間の考えの甘さが、その恐ろしさを心から認識できないからだ。

実際に体験すれば嫌というほど分かるだろうが、それでは遅すぎる。

戦争の意味する「勝つか負けるか」、そのような次元では平和は来ないだろう。

これからの時代はいつまでも同じ次元ではない。時は動き始めた。

フォトン・ベルトという大きな宇宙の変化によって、人間の思考も変わらざるをえない。時はいつまでも待ってはくれない。

日本人とし、平和や地球を守るためにも、核廃絶や戦争反対は叫んでいかなければならない。

被爆国日本としての責務であろう。

☆質問　8月10日。「魂の出会い」として本を出すことは初めての体験のため、これでよいのかと戸惑いを感じることもありますが、真実を書くしかありませんね？

◇魂からのメッセージ

不安を感じたら何もできない。

真実ありのままを記すのであれば、堂々と出すがよい。世の中にはすぐに理解できない人が多いのも事実だが、真実を求めている人も確かにいる。

勇気とは前進することで、不安とは対照的である。自分が信じていれば強くなれる。

魂を信じるとはどういうことか。

自分自身を創造したエネルギーとは何なのか。

最初から存在する「力」、それを、今を通して表現している人間、つまり自分ではないのか。

その根本を心にすえて、目標を誤らないようにする。命の大切さを一人でも多くの人に伝えることは、大きな意味があるのではないか。

☆２００８年６月。
今月は私の誕生月。改めて自分を見つめ、過去を振り返っています。

長い年月を生き続け、その間に学んだたくさんのことが身についているのか、反省する点も多々あります。

２００６年８月から始まったこの日記形式の「魂からのメッセージ」が自分にとって一番の励みで、指針となり、ここから本当の人生が始まったと思っています。

◇魂からのメッセージ
確かにそうかもしれない。人間の生き方はさまざまで、そこで何かを学び、何を生かし何が人のために役立ったか、「生きる」とはまさに、自分を生かし他人に助けられ、あるいは助けて今日より明日へと進化して、「人生を創造し生命を全うする」こととも言える。

一生の間には多くの戸惑いや不安など数多くの要素が存在し、その判断のいかんによって、大きく軌道を外れることもある。

本当の自分、「生まれた時に頂いた生命」にはその人の本源、本質、魂が宿っている。

それは他人ではない、自分の本体である。

自分とは何なのか。分かるようで分からないのが自分というものだ。何時代に生きていたと言われても、その記憶を思い出すことはほとんどないだろう。しかし、自分の生命には「意識とエネルギー」が存在していることを忘れてはならない。

今、ここに息づいている意識とは何だろう。生きている自分をじっくりと改めて考えたことがあるか。

宇宙に満ち満ちているエネルギーによって自分を自由に表現することができ、意識はそれを無尽蔵に引き出すことができるのだ。

これが人間の本体であるのだが、この当たり前のことに気づくことは少ない。

## 長崎に投下された原子爆弾

長崎に投下された原爆には、プルトニウム239が核分裂物質として用いられたとされている。プルトニウムとは超ウラン元素の一つで、同位体はすべて放射性で、最も半減期の長い核種であり、天然にも微量に存在する固体金属だ。

原子炉中でウラン238の中性子照射によって多量に得られ、核燃料として利用される。プルトニウムおよび崩壊生成物は、放射能毒性がきわめて強い。

このような強烈な殺傷能力のある兵器を、なぜ使用する気持ちになったのか。

戦争とは、もともと相手を懲らしめる手段としていろいろな兵器を使用するのだろう。これが、「汝、殺すなかれ」の信条を掲げているキリスト教国において使用されたのである。

人間には二つの顔があり、表は平和の顔でも裏側は相手の様子を探り、負けてはいられないという二面性を持っているのか。

おそらく、地球の長い長い人類の歴史の中で、生き抜くための知恵や力が必要で、人間の性質が変化したところに大きな原因があるのかもしれない。

人間はみな顔が違うように考えも違う。

しかし動物の世界では、生きるための獲物をとりはしても、自分たちの種は守るというルールがあるらしい。ならず者の攻撃には、仲間たちで断固として戦い、普段は平和に暮らしている。

しかし人間の進出によって、動物たちの安住の地も次第に狭められているのが現状で、自然破壊や環境破壊など、人間のエゴは留まることを知らない。

なぜそのようになるのか。

やはり、人間自体の生き方がどこからか変わってきたと思うしかない。

## 6、日本にとっての8月

人生は長く生きても100余年。
悲しみや苦しみは喜びより長く思われ、
長いようで短い人生をいかに生きようかと、
ゆっくり考える暇もなく時は過ぎてゆく。
人間は小さく弱い者。
一杯のコーヒーに幸せを思い、
そのぬくもりの笑顔が平和を語り、
生きる喜びを歌うけれど、
平和は瞬時に過ぎ行き、また望めど、平和への道のりは不確かに動く。

いくら平和を願っても、
地球上のどこかで戦争の悲劇は起き、
罪のない人々が、これに巻き込まれる。

時の権力は人々を支配し、弱い人間は逃れるすべもない。

１９４５年、昭和16年12月８日。
日本は戦いを挑み、
昭和20年８月15日、敗戦で終わりを迎えた。
８月６日と９日に、広島と長崎に原子爆弾は投下され、
その惨劇は目を覆うものであった。

原子爆弾とは、核分裂の連鎖反応によって、
瞬間的に大量のエネルギーを放出し生き物を破壊する凶器といわれ、
それは科学の発達によってもたらされた殺人弾。

そのウラン２３５が爆発して放出したエネルギーは、
ＴＮＴ火薬２万トンが爆発する時のエネルギーにほぼ等しく、
核分裂の際に発生する放射線によって、

火炎と火傷、衝撃波による壊滅が目的。

まさに科学が人を殺す、それが現実である。

自分が気にいらない場合は相手を無差別に殺す。

戦争に限らず、殺人犯が増加する現代。

何かが狂い始めた。

## 7、戦争の記憶

自分がまだ小さく浦和に住んでいたころ、
東京の大空襲で、東京方面の夜空が真っ赤に染まっていた。
それは恐ろしい色でした。
幼心に、なぜ戦争があるのかと、心の底から何度も憤《いきどお》った。

庭に掘った防空壕に入り、敵機が通るたびに、ここは安全なのかと恐怖に怯えていた。
お雛様は大事だからと、母はその箱を防空壕に入れたが、
中の湿気で糊がはがれ、無残な姿になってしまった。

外出の途中で機銃掃射に遭い、弾がぱちぱちと道路に跳ね返った。
あのような恐怖は二度と味わいたくない。
子供ながらも、戦争の恐怖は魂の奥深くに焼きついている。

## 8、大きな宇宙に生きる小さな私

宇宙には多くの星ぼしがある。
太陽は昇り、日が沈み、夜が過ぎて明日が来る。
時の巡りゆく足音は聞こえても、
循環の法則は分からない。
悠久の時を刻み、人間の前に広がる宇宙の不思議。
それは、深遠で不可解なもの。
地球誕生から120億年、気が遠くなるような月日を重ね、
西暦2010余年、現在に至っている。

いつも夜空を見上げる。小さな人間がいる。
それが私。その私とはいったい何なのか。
どこから来てどこへ行こうとしているのか。
生きる命や魂とは何なのか。

この疑問はいつも心のどこかにあった。

そして遂に、この素朴な疑問に答えてもらえる存在に出会った。
魂と思われる意識から、生き方の指針を示されたように感じた。
それは「魂からのメッセージ」として、２００６年７月末から始まり、
私の第二の人生に大きく関わり、生き方の転換期となった。

## 9、印象に残っている目撃の記録

◎2001年6月24日。
埼玉県の武蔵嵐山の別宅で夜9時ごろから観測を始め、綺麗な星空で身も心も洗われるような気持ちでした。

かつて北海道日高地方において、オキクルミカムイがアイヌ民族を善導された地であるハヨピラに行った時のことを思いだしている時でした。

観測を始めて20分ほど過ぎたころ、突然南から北に向かって円盤型（こちらからの見た目にはめがねのケース位の大きさ）の飛行体が、青白色に輝きながら移動するのを目撃したのです。

思わず「あっ」と声を発し、何分かじっと見つめていたのを覚えています。

北に向かったとはまさに北海道を示したのでしょうか。

これは、生涯忘れることのできない体験でした。
◎2005年ごろからUFOの目撃は多くなりました。

雨の日を除き朝3時ごろから4時ごろまで観測を続け、最初のころは目撃するまでに時間もかかり目撃回数も少なかったのですが、毎日続けることによって目撃の回数も増えてきたのです。

こちらが一生懸命呼びかけることによって、応答してもらえる頻度が高くなってきました。

我が家の周囲は森で民家も少なく、夜は街灯もなく星空だけが輝き、天の川が美しく見られ、夏はホタルが飛び交う、そんな環境です。

◎2006年ごろ、変わった目撃をしました。

その日は初めて会う建築関係の人を知人が連れてくるという日でした。

何か落ち着かず、いつもの窓から東南の林のはずれを見ていたのです。

その時、明るい大きな光が林の外側に現れ、あっと驚きながらじっと見ていましたら、懐中電灯のような光が林をゆっくりと横切り、家の正面にある斜めの坂を下っていったのです。

私は思わず息を止めました。その時感じたことは、これから我が家に来る人に関してのなんらかの警告かということです。

そこで、「分かりました。気をつけます」と心に叫びました。

途端にその光は消え、その時お客がみえたのです。

実際は、家の改築の注文をとりに来られたようなのですが、その話には発展せずに、お茶を飲み世間話のみで気持ちよく帰られたのでした。

それは、今までにない体験でした。

後で分かったことですが、懐中電灯のような光は、レジスタリング（記録用円盤）だったようです。

# 第三章　次元上昇との出会い

この章では、主に次元上昇やアセンションについて行った魂との対話をご紹介していきます。

## 1、フォトンベルトに突入すると五次元になると聞いていますが、実際の生活はどのようになっていくのでしょうか

今までとは違う状態、つまり変化が起こるが、その速度は徐々に高まり、光の波によって自分の意識も変わってくる。変わらざるをえない。

今まで体験したことのない変化であり、人によっては耐えられないだろう。そのエネルギーは、すべての生命体を原子レベルから変成させ、遺伝子レベルも変容させる。光がその物質全部を通り抜けるのだ。

波長が高ければ影響をより与えるが、それを受ける衝撃度はその人によって違う。光はすべてを通り、内部は崩れる。だが肉体は無くなっても、魂は永遠だから生きている。

しかし、生きようとする魂と光が同調すれば、肉体も残ることができ半身半霊の世界に移行する。

自分が望めば、環境は自然と整えられていくだろう。

最初は戸惑うだろうが、必要とされるものは満たされ、すべてが和合の次元に移行する。どこまで各人がそれを認識し、新しい次元に進めるかが明らかになる最大の機会となる。

そのために用意された今の生があるとも言える。これまでに地球上で多くのことを学んだはずだ。自分が望みこの地上にきたのなら、それに遭遇することを喜びとしていたのではないか。

それによって魂は一段と清められ、さらに先に進む。

新しく多くの人と出会い、人生の旅はさらに続く。

五次元とはどのような世界ですか。

必要としない物質は無くなる。すべてが新しくなり、人口も少なくなるだろう。

それ以前に災害によって大地が破壊された部分もあるだろうが、そのままのところもある。

新しい指導者によって世界は徐々に落ち着いていき、長い間待っていた黄金時代の到来ともいえる。人々はさらに魂を磨き、新しく調和のとれた地球の住人になる。

肉体を脱いでも魂が復活する人もいる。

これが、聖書にある最後の審判と、新しい世界への復活といえる。


その時の体調や年齢のこともあると思いますがどうなのでしょう。


それは分かる。大らかな気持ちが大事。

神経質になると執着することになるので、かえってよくない。いつも明るい気持ちを忘れないように。

年齢は関係ない。

すべてを受け入れる気持ちが大事だ。心の準備は毎日の生活の中から積み重ねられていく。

2、次元上昇による変化があると言われていますが、どのように対処すればよいのでしょうか。

自分がすべてを受け入れられるか、自分について改めて考え直さないと苦痛を伴う。すべてを受け入れ、すべてを赦しすべての抵抗を捨て、ありのままの自分に帰り受け入れるしかない。

そこでは恐怖や疑いや、今までの執着を捨て、大自然の変化に跪（ひざまず）くしかない。

自分がどれほどの力があるというのか、どれほどの理解力があるというのか、謙虚に自答してみるのだ。その時に、平素の心のありようが浮き出てくる。

自分の原点を知り、毎日生かしてくれていた温情をどれほど今まで意識していたか、その結果が各自にいろいろな形で現れる。

どのような事態になっても、自分を見失わず、慌てることなく受け入れるしかない。

地球や自分が受ける衝撃をできるだけソフトにするには、個人の意識もそうだが、みなの集合意識も大事。

それにはどうすればよいでしょう。

今からでも考え方を修正できるものは変えていく。次元上昇とは、今まで生きてきた三次元の物質文明とは違う次元に行くことだ。物やお金がすべてではない。物質文明の本質を根本から見直す必要がある。今まで当たり前と思っていた大自然の恩恵に思いを寄せ、この大自然に生きる「生」の本質を見直すことだ。

人間には無限の可能性がある。五次元、六次元と自分の意識の要求にどれほど近づくことができるか、そのチャンスでもある。

人間はそのために生を繰り返し、少しずつ体験し、心や肉体が経験した学習を次の生にバトンタッチする。
そのたびに生のエネルギーを使い、次元上昇していかなければ、何度も何度も同じことを繰り返し学習は積み重ねられていく。

だから、人生は楽しくもあり、喜びでもあり苦しみでもある。
すべては自分が決める。良いことも悪いこともその報いはある。

## 3、世の中はこれからどのようになっていくのでしょう。

今までより急速に変化が大きくなる。

すべての面で戸惑うこともあり、最初は小さかった変化も次第に大きくなる。

人の心も冷たくなり、政治や経済にも期待が持てなくなり、失望に打ちのめされることが増える。

まさかと思うことが次々に起き、人々の心は揺れる。誰を信用したらよいのか、と。

しかし落胆ばかりしてはいられない。これが世の移り変わりで、最終的には自分がしっかりしていないと、巻き込まれる。


どんなに暗い世の中でも、明るい未来まで生きてその勝利の実感を味わうまでは、耐え忍ばなければならない。

一人ではない。地球全体が遭遇することを思えば、孤独とは違う。

常に自分を調整し、どんなことにも動じない心が大事。その時に慌てずに、冷静に自分を保つことができるか、そこに鍵がある。

良いニュースより悪いニュースが増え、世界では大きな災害や騒乱が増し、希望が見えなくなる時もあるが、それも一時の現象として、すべて冷静に対処する。

夜明け前の暗さが体を包むように閉塞感はあるが、そこから抜け出すには深刻に考えず、自分を勇気づけ、暗さを通り抜けて、まったく新しい時代への突入を心から喜び合える最高の時を待つことです。

## 4、アセンションとは具体的にどのようになるのでしょうか。

聖なる光や圧力や熱が、体の中に点火し燃えるように感じ、意識が変わった次元を感じるようになるのか、それとも無意識状態で眠ってしまい、目が覚めたら状況が変わっていたということなのか、その瞬間はどうなのでしょうか。


変容することに対して、助走として準備ができていた方がよい。いずれ変わるにしても、心の準備として内面を支える力と決意が強くあれば、その時の衝撃は和らぐ。

突然の変化に自分が戸惑うことがない方がよいが、いずれにしても、変わることに衝撃があるのは当然のこと。

自分が生まれ変わるということは、すべての細胞と意識が変化することで、聖なる儀式と思えばよいのではないだろうか。

次元上昇は、瞬時に行われるだろう。

いろいろな理由から地球が変化しなければならない事態になれば、そこに住む人類を含めた生命は新しい生命として旅立つか、それとも留まるかになる。

それは、その生命の意思による。

## 5、政治、経済は時の流れに左右されますよね。

大衆の気持ちがどう動いているのかを見極めることが大切。

政治に飽きが来ている時は、新しい活性化が要求される。自然の流れに人々の心は反応し、汚職が増えると政治に飽き飽きし、次の政権に期待する。

政治家は大衆の気持ちを敏感に受け止める心と、自分の信念を大きく掲げ、多くの人々の気持ちをどれだけ引き付けることができるかが鍵。

それにはその人の人間性の魅力が、どれだけ相手に伝わるか、それによって人々はついてくる。

時の運ということもあるが、いつの時代も政治は人々の心の奥深くまで、その人の主張が届くかが大事だ。結果よりもその積み重ねが重要で、信念が失われない限り、やがて大きな花が咲き実が成る。

しかし、政治を裏側から見れば、清濁入り乱れ、名誉欲や利権など、人間の欲望は深く、それを感じると人々は離れる。

その膿を出すのも政治家であり、世の流れを変えられるのも政治家である。

## 6、平和な国に侵略者が攻めてきたらどうすればよいでしょうか。

平和は誰もが望むところだが、特に今の地球はエゴが蔓延し、そこが問題だ。人間として確立していないと、独特の考えが他者を傷つけてしまう。いくら平和を願っても、根本の魂たちが清まらないと、問題は解決しない。攻めることが悪いことだと魂が気づかなければ、つまり自分の汚れが分からないといけない。それがなかなかできないところに問題がある。


平和を絶対に守ろうとする努力が必要だが、それについて話し合う場などを十分にもてないから攻め込まれてしまう。

人類の意識が高くならないと、悲劇は繰り返され大きな痛手を負う。

そのために、人間は何回も何回もそれを繰り返し、大きな争いに発展する。

二度と過ちは繰り返しませんと、心から誓っても誰かがそのルールを破る。それが今の地球の現状でしょう。

しかし創造の原点はそうではなかったはず。悪の考えが細菌のように広がり、心ある人は逃げ出したい気持ちになる。

キリストは言った。「地上に平和をもたらすために、わたしがきたと思うな。平和ではなく、つるぎを投げ込むためにきたのである」と。

その真髄は地球が新しく再生しなければその存亡すら危ぶまれる現状を憂い、地球の罪を背負い、新しい地球再生への教えを残したのではなかったか。


文明は興り、そして滅ぶという繰り返しを、歴史は物語っている。

生きるとは、まさにその中で体験し進化していくこと。

今の地球の現状は悪に支配されていることに気がつくことだ。


読んでいる本がすべて正しいと思ってはならない。

心を研ぎ澄まし、本当の自分に聞いてみよ。峻別する心も大事。

事実を吸収するには、大きな意味のある情報も必要だが、その中にどれだけの真実があるかを見極めるのもさらに大切。

本当の自分はそれを知っているはず。

何回も生を繰り返し、そこに刷り込まれている善悪の判断は、すでに魂は何度も経験し知っている。しかし生命が新しくなった時、以前の生の記録がまったく無くなってしまえば最初からやり直し。

一見無駄なように見えるが、進化とはすべての経験が活かされて魂が成長すること。何回も繰り返し体験している人は、それを知っているということに意味がある。

## 7、私たちは、科学万能主義の時代に生きているのですよね。

自然科学は、私たちの生活に大きな恩恵を与えてきた。

しかし、これに頼っているだけでは問題は解決しない。

人間はロボットと違い、生命があって、心があって、意思がある。

科学が発達してありがたいというだけでは見逃せない大きな問題があるのだ。

現代に開発され続けている化学兵器、特に、近代科学を応用した毒ガスや細菌兵器、生物兵器などを使用し、いかに大量の生物を殺すか。


この発想を基に研究が続けられているのが、現代の科学である。

物質を構成している原子や分子に注目し、物質の成分組成構造やその生成と分解の反応がわかってきている。ある物質と他の物質との間で起きる反応によって無機、有機、生物、物理、分析などの化学や、いわゆる近代科学の分野はさらに研究が進められ、今後どのように変化していくか分からない。

しかし、永遠の進歩といいながら、人間の生命を無視する化学兵器などの製造は、絶対に許してはならないものだ。

まして日本国民は、被爆国の責務として、核の拡散防止を叫ぶべきで、第二の被爆国を出してはならない。

殺人化学兵器による戦争によって、その恐ろしさや悲惨さを、どれだけ伝えられるか、今それが残されている者の責務ではないか。


生命とは偉大なもの。

どんなに科学が発達しても、草一本創造することはできない。

植物の種によって遺伝子組み換えや品種改良が行われても、種そのものに内蔵されている生命の秘密は分からない。


誰がどんな目的で製造したのか、あるいはある日偶然に発生したのか。

すべてには原因があって結果がある。

その結果の中で私たちは今生きている。

まして人間の生命となると、その創造の目的は何かを考えることが大事でしょう。

## 8、日本にはどのような使命があるのでしょうか。

日本は日出ずる国といわれてきた。

それは東に位置するというだけの意味ではなく、日本独自の特性があって、日の出る、つまり夜明けを意味し、かなり古い時代から地球の中心的役割を担っていることを意味する。

日本の国土は小さいものだが、他国には見られない特性があって、日本人はそこで精気を養われ、デリケートな精神を持ち、高い創造の原点に立って文化を築いてきた。

そして日本独特の優れた能力をもって多くのことをなしとげ、世界の人々をも魅了したのだ。

しかし今では歴史の変転により、当初のものは失われ、意識も低下し、昔の面影も薄くなってきている。

なぜそうなったのか。長い時の流れの中で、大自然とともに生きた民族の誇りよりも物質文明が優位に立ち、押し流されそうだ。

誰かが気づき、その意義を思い出し、新しい出発点にしなければならない。そのために原爆が落ち、日本の原点が暴かれたと言っても過言ではないのだ。

自分たちが仕掛けたことがここで浮上したということもあるが……。


古代日本には特別な方々がおられた。多くの人々を導いた方々である。

稲の穂を持って農耕を教えた方もおられる。

しかし歴史は真実を語ってはいない。その片鱗はわずかに神話として見受けられるのみだ。


滅ぼした側民は、いずれ原点は抹殺できると思ったかもしれない。

しかし、日本人の魂はどこかで目覚めている。

冷たい仕打ちの中から不死鳥のように蘇ってくることだろう。

時が満ちて新しい地球の夜明けに、日本人が気づかないことはない。眠っている怒りのエネルギーがムラムラと燃え上がり、世界の人々は驚くかもしれない。


**どんなにつらいことがあっても、日本人であるという誇りや意識を忘れてはならない。太古に人々を率いた祖先の血が、そこに流れているからだ。**

**たとえ土地が小さくなっても、その精神は生き続ける。**

9、次元上昇するためには「振動数を上げること」と言われていますが、どのようにすればよいでしょうか。

今は三次元で、物質や貨幣制度によって支配され、その中で自分を表現している。四次元は肉体の有る無しに関わらず意識の世界。さらに五次元へと上昇すれば意識の純度は高まる。今の次元とは違う。

振動数とは、発想、意識、行動が周波数の変化によってどう変わるかが問題。

簡単に言えば大自然の変化によって、生態系が次元に対応するために、自ら変えざるを得なくなる。


21世紀に入り、地球を取り巻く自然環境は年々変化し、その異常に人々は気づき始めている。

2万6000年毎に訪れる宇宙的変化がすでに始まっていて、人類を取り巻く環境が変わり始め、その極限には人間の意識を変えざるをえなくなる。

次元上昇による大きな変化で、どのように自分が対処するか、それはあくまで自由で、各人の課題でしょう。

その時に必要とされる自分の意識や考え方に関して、振動数を上げることが必要になってくるということで、その時に到来する次元を調整するための手段と思えばよいのではないか。

次元上昇の衝撃度は災害のようなものなのか、その反対に変容するためのチャンスなのか、その人の理解度によって現実は違ってくる。

## 10、国境を外せば民族は一つなのになぜ争うのでしょう。

人間の本質とは何なのか。

悠久の時を刻み、私たちの前に立ちはだかる創造の偉大さ。

その真実を求め探っても、神秘の謎はとけない。

宇宙は深遠で不可解なもの。

その地球の片隅で生を受け、三次元という枠の中で、私たちは今日も息づいている。


あらゆる生物を含め、多くの種とともに地球という大きな屋敷の中で暮らしているのが現状だが、みな個性があって考え方も違い、兄弟の紛争は絶えない。

国境を外せば民族は一つなのに、それができないのが地球。

長い歴史や文化は人々の暮らしを支え、自分たちを守るためには他の介入を許さない。これが悲しい地球の現状といえる。

人種による言葉の壁は、簡単には外せないが、人間の気持ちの部分はそれほど複雑ではないはず。

今は情報の発達によって、人々の考えも分かるようになり、地球上の人々が一つになって大きな問題を考える時代がやってきたようにも思える。

そのような中で最近、少なからず地球の変化が感じられ、それは、単なる温暖化現象だけでなく、地球の悲鳴のようなものが、海や山からの警告音として次第に大きくなってきた。

70億の人類が今までと同じ生き方をしていれば、人類が使う資源は枯渇し動植物の種も減少し、生態系のバランスは崩れ、人間の存続すらも危惧されるのではないか。

これが地球大地の病状だとすれば他人事ではなく、そこに生きる人間に、多くの苦しみが生まれるだろう。

まさに現実はそのように進行しつつあるように見える。

これからどうなるのか、軌道修正する時間があるのかないのか、事態は深刻化しているのかもしれない。

時代とともに人の心も変化し、犯罪は増え、安心して暮らせない。不安材料は戦争とは違うマイナス要因が増加している。

しかし万物の霊長といわれる人間の本質は、それほど簡単にコロコロと変わってしまうものなのか。

創造という大きな観点から考えると、「人間」誕生の不思議こそ、ないがしろにはできない問題があるのではないか。

「生きている」とはどういうことなのか。

この当たり前が当然になり、その実感をじっくり思うことは少ない。

五体満足であれば、それが当たり前で普通のことのように思うが、しかし肉体とは微妙なもの、わずかな傷口でも顔を歪める痛さもあり、大きな傷が癒やされた時は、安堵と感謝の気持ちに変わる。

このような人間の「意識」はどこから来るのか。

能力を超えた「叡智」による心の働きなのだろうか。

後から付け加えられたものではなく、人間そのものに埋め込まれ、大自然の中に生きる生物のために与えられたもの、それが意識だろう。

意識こそ、偉大なる宇宙の法則ではないだろうか。

## 11、地球の状況はどうなっていくのでしょうか

本来、生命は永遠に生き続けることができ、次元が高くなればすべてが濃密になり、その思いは創造に向けられる。

すべての法則を理解し、常に他者とも融合し大きな意識となって上昇を目指す。

地球のような個の発想では、範囲が限られてしまう。

宇宙の法則を理解し、すべて一つになり、大きくなった意識は常に上昇を目指している。

全体の意識が強くなれば、個の力も強くなるはず。

法則の中に生かされていること、すべてのバランスが保たれ共存できることを知らなくてはならない。

地球のように、国によってさまざまな考えに支配されることは少ない。

星によって個性もあって進化の段階は違うが、物質文明社会の発達は地球独自の考えである。物質のしがらみに取りつかれ、人間本来の生きる目的を失いかけたとこ

ろに問題があるのではないか。

地球人類すべてがそうではないが、駒《こま》を回す者の一部の判断が軸足を狂わせている。物の重力によってそのバランスは崩れ、次第にその動きが変わり始めているのが現状と言えるだろう。

一部の人はその異常を感じ、動物や植物や大地までもすでにそれを感じて悲鳴を上げ始めている。人々の暮らしにも貧富の差が出て、平等に生きられる方法も考えられなくなっているのが地球の現状だ。

因果応報、発想の転換がない限り、各人が目覚めない限り、いずれ底なし沼にずるずると引き込まれてしまうような状態になる。

化学が発達しエゴによる戦争がもっと起これば、地球だけでなく、広い宇宙にまで痛手が広がり大変なことになるでしょう。

## 12、宇宙的変化によって地球の様相は変わってきましたね。

21世紀に入り、時代は大きく変わろうとしている。温暖化や集中豪雨や水不足、サイクロンや竜巻、巨大地震など、地球の環境は年々悪化し、人々の心も冷え、想像もしなかった凶悪事件やテロが続発しているが、時代はこれからどこへ向かおうとしているのか。

世の賢者はその道の研究と分析を重ね、以前から私たちに警告を発していた。

これからさらに変化していくと思われる不透明な現実に、私たちはどう対処していくのか。

地球という星に住む人間として、決して他人事ではない現実を見るべき時期にきている。

## 13、時間、空間の意識とはどのように考えればよいでしょうか。

地球意識と宇宙意識から見る時間観念は、それぞれ違う。広い宇宙から見ると、地球は一点にしか見えない。巨大な意識から見れば、地球の意識は想像以上に小さい。

地球上では一日が時間として計算され、長く感じられたり短く感じられたりするだろうが、実際は違う。要はその密度が違う。

今生きている一瞬はすべてにつながり、時という概念に縛られない。すべてが凝縮し、結果だけが中身であって、それに付随するものは、準備段階で本質には含まれない。つまり、速度の概念も違う。無限の可能性に向かい、日々努力し意識を高めることが大事でしょう。

## 終わりにあたって

日々の生活や仕事に追われ、
まだ眠りから覚めていない人に、一人でも多く伝えて下さい。

宇宙の兄弟（ブラザーズ）は、あなたの上空に来ています。
心を盡（つ）くし、思いを盡くし、大空を見上げて下さい。
矢のような光輝で、きっと応えて下さるでしょう。

三次元の物質文明はとどまることなく栄華を極め、その結果は温暖化を招き、小さな島々は水没してきているのが昨今です。そしてまた火山帯は次々に炸裂し、大自然の怒りは嵐を呼び、村や町を飲み込む等、まさに21世紀は終局の坂を転げ落ちてきました。

定かではないが、「その時、人の子が天の雲に乗っており来たらん」―― 聖書にはすでに、宇宙のブラザーズは約束されています。
たとえどのような嵐が来ても、必ずや訪れる未来の夜明けに心を傾け、たじろぐことのない己を築きましょう。

イラスト・写真提供　堀江和也

## プロフィール　U-KI（ユキ）

私が20才の頃、ローケツ染めの屏風を県展に出し、入選したことがきっかけで染色に興味をもち、東京下落合の染色工房に通ってこれを一生の仕事にしようと夢中になっていた時期がありました。しかし1966年ごろUFO問題が世界的に浮上し、私も関心があり目撃を重ねるうちに、自分の趣味の染色は二の次になりました。

あれから50年、一条の光により自分の本当の第二の人生が始まりました。また、2008年7月、自分の本体である魂との出会いから、多くの指導を受け自分の考えを訂正し、人生の限りなき旅の本質を理解するきっかけになりました。

すべては出《で》会《あ》いから

U-KI（ユキ）著

明窓出版

平成二七年五月十五日初刷発行

発行者 ―― 麻生 真澄

発行所 ―― 明窓出版株式会社

〒一六四―〇〇一二
東京都中野区本町六―二七―一三
電話 （〇三） 三三八〇―八三〇三
FAX （〇三） 三三八〇―六四二四
振替 〇〇一六〇―一―一九二七六六

印刷所 ―― 日本ハイコム株式会社

落丁・乱丁はお取り替えいたします。
定価はカバーに表示してあります。



ISBN978-4-89634-353-3

ホームページ http://meisou.com